筑境
中国精致建筑100

筑境

中国精致建筑100

五台山显通寺

王宝库 王鹏 撰文/王昊 青榆等 摄影

中国建筑工业出版社

出版说明

中国是一个地大物博、历史悠久的文明古国。自历史的脚步迈入新世纪大门以来，她越来越成为世人瞩目的焦点，正不断向世人绽放她历史上曾具有的魅力和光辉异彩。当代中国的经济腾飞、古代中国的文化瑰宝，都已成了世人热衷研究和深入了解的课题。

作为国家级科技出版单位——中国建筑工业出版社60年来始终以弘扬和传承中华民族优秀的建筑文化，推动和传播中国建筑技术进步与发展，向世界介绍和展示中国从古至今的建设成就为己任，并用行动践行着“弘扬中华文化，增强中华文化国际影响力”的使命。从20世纪80年代开始，中国建筑工业出版社就非常重视与海内外同仁进行建筑文化交流与合作，并策划、组织编撰、出版了一系列反映我中华传统建筑风貌的学术画册和学术著作，并在海内外产生了重大影响。

“中国精致建筑100”是中国建筑工业出版社与台湾锦绣出版事业股份有限公司策划，由中国建筑工业出版社组织国内百余位专家学者和摄影专家不惮繁杂，对遍布全国有历史意义的、有代表性的传统建筑进行认真考察和潜心研究，并按建筑思想、建筑元素、宫殿建筑、礼制建筑、宗教建筑、古城镇、古村落、民居建筑、陵墓建筑、园林建筑、书院与会馆等建筑专题与类别，历经数年系统科学地梳理、编撰而成。本套图书按专题分册，就其历史背景、建筑风格、建筑特征、建筑文化，结合精美图照和线图撰写。全套100册、文约200万字、图照6000余幅。

这套图书内容精练、文字通俗、图文并茂、设计考究，是适合海内外读者轻松阅读、便于携带的专业与文化并蓄的普及性读物。目的是让更多的热爱中华文化的人，更全面地欣赏和认识中国传统建筑特有的丰姿、独特的设计手法、精湛的建造技艺，及其绝妙的细部处理，并为世界建筑界记录下可资回味的建筑文化遗产，为海内外读者打开一扇建筑知识和艺术的大门。

这套图书将以中、英文两种文版推出，可供广大中外古建筑之研究者、爱好者、旅游者阅读和珍藏。

目录

五台山显通寺

显通寺在山西省五台县境东北距县城约80公里的寺庙群集地台怀镇北灵鹫峰下，与菩萨顶、殊像寺、塔院寺、罗睺寺并称五台山之“五大禅处”，和殊像寺、塔院寺、碧山寺、南山寺、金阁寺、广宗寺、圆照寺、永安寺、灵境寺共为五台山之“十大青庙”，系全国重点文物保护单位。寺宇规模宏大壮观，布局严整奇特，据《清凉山志》记载始建于东汉明帝永平十一年（68年），与洛阳白马寺同年落成，当是中国早期佛教寺院之一，现存建筑多为明、清两代遗构。

一、摩腾竺法兰 鹫峰创伽蓝

图1-1 五台山寺庙群
五台山位于中国山西省五台县境内，山势高峻，素有“华北屋脊”之称。高峰峡谷、古松清流与寺宇梵刹交相辉映。

大约距今2000年，在佛教发祥地印度出了一位能解大、小乘经的高僧，名迦叶摩腾。当时，与印度隔喜马拉雅山比邻而居的中国东汉皇帝明帝刘庄派遣蔡愔、秦景等特使赴天竺寻求佛法，适与摩腾及其同道竺法兰相逢，遂邀二位高僧来汉地传法。腾、兰欣然允诺，于永平十年（67年）偕白马驮经至洛阳，受到了东汉皇室的器重。次年，明帝刘庄敕建白马寺，延请腾、兰入居，译《四十二章经》。据释镇澄所修《清凉山志》记载，两位天竺高僧在译经之余，于永平十一年（68年）自洛阳北渡黄河抵晋，朝礼清凉山（五台山），“腾以山形若天竺灵鹫，寺依山名。帝以始信佛化，乃加‘大孚’二字。‘大孚’，弘信也。”关于自印度至汉地译讲佛经、传法建寺的天竺高僧摩腾、竺法兰之行迹，《清凉山志》卷第三“高僧懿行”中的《摩腾法兰传》有详尽且又生动的介绍。

按《清凉山志》所说，五台山大孚灵鹫寺（即今显通寺）当始建于东汉明帝永平十一年（68年），不但是五台山地区最早的佛教寺院建筑，也是中国早期佛寺之一。此说源于宋代释延一重编之《广清凉传》："大孚灵鹫寺者，世传后汉永平中所立。所以名'灵鹫'者，据《西域记》第九卷说：梵云'结栗陀罗矩吒山'，即释尊说《法华经》之地也。唐云'鹫峰'，亦曰'鹫台'。接北山之阳，孤标特起，既栖鹫鸟，又类高台，空翠相映，浓淡分色。此山亦然。今真容院所居之基，冈峦特起，有类高台，势接中台、北台之麓，山形相似，故以名焉。寺依此山立名，故云'大孚灵鹫寺'也。昔有朔州大云寺惠云禅师德行崇峻，明帝礼重，诏请为此寺尚座。"北魏孝文帝太和年间（477—499年）"再建大孚灵鹫寺，环匝鹫峰置十二院，岁时香火，遣官修敬"（见《清凉山志》卷第五"帝王崇建"）。据《古清凉传》记载，自中台东南行，"寻岭渐下三十余里至大孚图寺。寺本元魏文帝所立，帝曾游止，具奏圣仪，爰发圣心，创兹寺宇。'孚'者，'信'也。言帝既遇非常之境，将弘大信。"可见北魏时寺院曾经以"大孚图寺"为名。其实"孚图"之名与"信"无关，乃梵语"佛陀"（即"Buddha"）之同音讹变。所谓"大孚图寺"亦即"大佛陀寺"或"大浮图寺"，也就是"大佛寺"。

唐武周时，“武后以新译《华严经》中载此山（清凉山，亦即五台山）名，改称‘大华严寺’”（见《清凉山志》卷第二“伽蓝胜概”）。北魏迄隋、唐时寺宇规模甚大，周设十二院，前有高塔耸峙（即今“塔院寺大白塔”），后有菩萨真容院（即今“菩萨顶”）。据寺内所存碑碣记载，“宋真宗驾幸，见寺前百亩杂花，遂建大花园寺。”由此可知宋代该寺曾经以“大花园寺”为名。《清凉山志》卷第五“帝王崇建”记载，蒙古世祖至元二年（1265年）曾“造经一藏敕送台山善住院，令僧批阅，为福邦民，十二佛刹皆为葺新。”据此可知元代时该寺又有“善住院”之称，且仍旧统辖十二佛刹，并进行了全面修葺。佛经有《大宝广博楼阁善住秘密陀罗尼经》，简称《善住秘密经》，“善住院”之名当源于此。

到了明代，成祖朱棣敕重建，赐额“大显通”。成祖永乐三年（1405年）设僧纲司，统辖全山寺院及僧众。永乐四年（1406年）秋，大智法王班丹札释于西土迎葛哩麻尊者入京，被敕封“大宝法王大善自在佛”。他性爱林泉，不愿留在京师。永乐皇帝说：“五台深林幽谷，万圣所栖，师可居之。”敕赐銮舆、旌幢、伞盖之仪，遣使送至大显通寺安置，并敕修（阿）育王所置佛舍利塔并显通寺。永乐十八年（1420年）春，成祖朱棣专为五台山颁发御制《歌曲名经》。当佛曲送至显通寺时，便有神秘奇特的现象迭次展现，朱棣本人在《御制五台感应序》中作了精彩生动的描

图1-2 显通寺鸟瞰

寺周山峦起伏，古木参天。寺庙占地8万平方米，有各种建筑400余间，其中轴线上布列七重殿堂。

述："朕遣使赍《歌曲名经》往五台散施，一至显通寺，即有祥光焕发，五色绚烂，上烛霄汉，衣被山谷，弥漫流动，朗耀日星，久而不散。已而复有文殊菩萨乘狮子隐隐出云际，微露行迹。及云收雾敛，乃见狮子扬鬐吐舌，奋臂振足，腾跃鼓舞，左顾右盼，于山伫立。明日复有罗汉由华严岭而来，或五百，或三百，或一二百，先后踵接，联翩翱翔，其间有顶经包者，有拄锡者，有裸体者，有袒肩者，有跣足者，有跛躄而伛偻者，众至三千余，隐现出没，变化非常。于时四方来游五台者莫不顶礼赞叹，以为千载之希遇。"

今寺内所存碑碣铭文称，"蒙成祖颁赐《佛曲名经》圣寺，见五百阿罗汉腾空跃舞，遂蒙敕建'大吉祥显通寺'。"可见"显通"之名与明成祖朱棣颁赐佛曲而致菩萨和罗汉屡屡显应、感通有直接的因果关系。神宗万历年间（1573—1619年），妙峰高僧等铸造之铜殿、铜塔在寺内显得金碧辉煌，光耀全山，因此"蒙敕建护国圣光永明寺"，可见明季晚期显通寺曾经以"永明寺"为名。后来寺僧分裂，塔院寺、菩萨顶等与显通寺分庭独立，自成格局，显通寺本部仅保留中心部分，只好东向另辟山门，始成现状。清圣祖康熙年间（1662—1722年），由官方出资对寺宇大事修葺和扩建，复称"大显通寺"，并有《御制显通寺碑》为记。

二、浩大青庙　恢宏梵宫

图2-1 显通寺山门/上图
山门面阔三间，东向。三间均设板门，可供穿行。

图2-2 “大显通寺”匾/下图
悬挂于显通寺山门内檐下，蓝底金字，字迹圆润有力，十分醒目。

寺周重峦叠嶂，起伏连绵，环峙如屏；寺处五台山五座台状山峰的怀抱之中；寺内古木参天，林荫蔽日，殿阁巍峨，院宇错落，颇具大寺风范。寺宇坐北向南，占地面积8万平方米，有各种建筑400余间，均为明清两代遗构。寺宇以正当台怀镇街口的四柱三楼单檐硬山顶牌坊为前导，沿坡北上数十步后转弯南趋，过大钟楼门洞左折右拐，蜿蜒前行，北入前门向西，即抵寺院内之山门。山门坐西向东，面阔三间，长12米，宽6米，前、后檐施廊，单檐硬山顶，三间俱设板门，额悬竖匾，蓝底金字，上书“大显通寺”四个大字，前檐柱上镶嵌木刻楹联一副，联云：“梵宇金碧法王神通变化色空里，圣容毫光菩萨妙用游戏有无中”。因地形限制，显通寺山门不

图2-3 钟楼

钟楼位于显通寺东南角，平面方形，二层，单檐歇山顶，下层砖砌基座，二层四周设壶门，简洁规整。

图2-4 前院西视景观/后页

位于第一间院，由东向西望景观。

依惯例坐北朝南处中轴线前端，而是在寺宇东南端，显得别具一格，给偌大寺院制造了一种回环曲折含露有致的神秘感。佛寺多在深山老林，故谓其门曰“山门”。其实依佛教谛义的诠释，山门的正式称谓应当是“三门”。一般佛寺的大门皆由中门与两侧旁门组成，其数为三，故以“三”名门，是“三解脱门”的象征及佛教谛义在佛寺建筑中的反映和体现。“三解脱门”是空解脱门、无愿解脱门、无相解脱门的综合称谓。所谓“解脱”，是指遵循佛教的修行方法摆脱烦恼业障（佛教以前生所作的种种罪恶导致今生的种种恶业而在成佛正道上形成的障碍谓“业障”）的束缚而获得自由自在。得大自在是超凡脱俗而成佛（亦即“涅槃”）的重要条件。山门前檐廊下左右两侧各置石碑两通，其中两通分别为明神宗万历九年（1581年）的《免粮卷案碑记》和《免粮卷案碑铭》；另两通则为龙、虎字碑，均高1.8米，宽0.8米，分别镌刻狂草“龙”、“虎”两

图2-5 显通寺东侧景观（由北向南）
东侧为僧房，南部紧邻塔院寺大白塔。

图2-6 前院东侧景观（由南向北）

图2-7 伽蓝殿及碑亭景观
图为显通寺第一进院由西往东看的景观。

个大字，系明神宗万历年间曾任山西巡抚的傅光宅（法号雷雨居士）所书，字迹清晰，结体潇洒，似龙游弋，如凤飞舞，仿龙摹虎一笔写就，气势磅礴，引人瞩目。这两个字左示青龙而右表白虎，以之代替一般佛寺居于山门的四大天王塑像，在寺院群集的台怀地区显得别具一格。

山门内正院中轴线上布列七座大殿，自南而北依次为观音殿、大文殊殿、大雄宝殿、无量殿、千钵文殊殿、铜殿、后高殿，建筑风格无一雷同，体量与形制殊异，显得活泼多变，气韵生动。中轴线东西两侧有伽蓝殿、祖堂（达摩祖师殿）及厢房、僧舍、厩库、禅堂、客堂等建筑。院内以青石铺地，古木交荫，松柏扶疏，细草杂花点缀其间，经声佛号不绝于耳，汉传佛教之青庙大寺当以此为最。正院两侧各有偏院，东部穿越主院东侧一线布列彼此相连的厢房建筑中部的门洞后，可抵五台山佛

图2–8 东侧院

从显通寺中院东部向南看，可见建筑重叠，白塔隐现，别有一番佛国景象。

教协会、五台山风景区人民政府民族宗教办公室、高僧居所、僧房禅院等院落及面阔九间可供二百余名僧众就餐的五观堂，主要是僧人活动场所；西部穿越主院西侧一线布列彼此相连的厢房建筑中部的门洞后，可抵紫光苑、祇园、憩静轩、居善德等院落，为接待云游僧侣及来访居士和贵宾的场所。

三、三座菩萨殿　一线贯南北

在显通寺中轴线上由南而北排列着三座菩萨殿，其中一座为观音菩萨殿，两座为文殊菩萨殿，这种形制在其他寺宇并不多见，体现了作为文殊菩萨演教道场的佛教圣地五台山和青庙大寺的特有风范。

观音殿因在寺内南端，故俗称“南殿”，乃清代遗构。它的南面是处于台地之下的塔院寺及显通寺与塔院寺之间的狭长通道，没有足够的空间可供延伸，故其前面没有山门之类建筑，大殿也只好因条件所限而坐南朝北，与中轴线上其他殿堂一律坐北朝南之朝向不同。塔院寺与显通寺原本是一寺，系显通寺的塔院（浮屠院）。这种布局乃早期佛寺布局之典型范例，塔院居前而殿堂在后，今塔院寺山门即早期显通寺的山门。后来二寺分裂，各自独立为一寺，故在二寺交接处开辟胡同，供人穿行。观音殿面阔五间，宽23米，进深三间，深15.5米，单檐硬山顶，前檐出廊，明、次三间

图3-1 观音殿
位于寺内中轴线最南端，俗称“南殿”。面宽五间，硬山顶，有前廊，造型疏朗大方。

图3-2 大文殊殿

为寺内中轴线上第二重殿堂，重建于清乾隆十一年（1746年），面宽五间，单檐歇山顶，后部施重檐抱厦。

施隔扇门，两梢间施棂花窗。殿前檐明间两柱上悬挂木刻楹联一副，联云：“放大光明敢向无生说妙谛，得真解脱须从华藏认如来”。殿内中部屋顶以平棋遮盖梁架，两侧梁架露明。门额悬蓝底金字横匾一幅，上书“霞表天城”四个大字，乃清高宗乾隆皇帝御题。殿内佛坛上有主像三尊，分别为观音、文殊、普贤三大士像，故该殿又有“三大士殿”之称。居中而坐的观音菩萨像两侧有龙女和善财童子两尊胁侍像，佛坛左右两端塑护法金刚像各一尊。殿内东西两壁满布经架，架上经书累累，有明武宗正德五年（1510年）版《大藏经》计3210册，使该殿兼具存放经书之功能，故其又有“藏经殿”之称。旧时该殿经常举办水陆道场，于是又称“水陆殿”。水陆道场亦称“水陆法会”、“水陆大会”、“水陆会”、“水陆斋”、“水陆斋仪”等，是佛教法会的一种，时间长短无定，少则7天多者可达49天，规模甚大，参加法会承办法事的僧人可达几十人

图3-3 文殊菩萨群像
大文殊殿内供有骑狮文殊主像及东、南、西、北、中“五方文殊”，连同主像背面“甘露文殊”共计7尊文殊像，图为其中4尊。

图3-4 大智文殊像

位于大文殊殿内佛坛正中，文殊满身金饰，座下骑狮，号“大智文殊”，是殿内主像。

甚至上百人，届时诵经设斋，礼佛拜忏，追荐亡灵，以超度水陆一切鬼魂，普济六道四生，故道场和法会以“水陆”定名。观音殿虽然体量不大，等级不高，但具多种功能，非一般寺院的类似小殿可以伦比，故显得别具一格。

观音殿北与之前后比邻而居者为中轴线上的第二座殿堂大文殊殿，重建于清高宗乾隆十一年（1746年），面阔五间，宽25.5米，进深六椽，深11.6米，单檐九脊歇山顶，背面施重檐卷棚硬山顶抱厦三间，大殿前、后可以穿行。大文殊殿建于高近1米、平面呈“凸”字形的石砌平台之上，装饰华丽，建筑等级明显比观音殿高出一筹，显得宏伟壮观，不同凡响，这当然是因为五台山乃文殊菩萨道场而使然。大殿前檐柱上镶嵌木刻楹联一副，上书“法身无去无来住寂光而不动，德相非空非有应随机以恒周”。殿内佛坛上供大智文殊师利菩萨像六尊，居中主像为木雕大智文殊，座下骑狮，通高3米，全身贴金，面相庄严，左手

图3-5 圆觉菩萨
又称“缘觉菩萨”。位于大文殊殿东西两侧，各6尊，计12尊，号称“十二圆觉”。

图3-6 碑亭

位于显通寺第一进院大文殊殿前，东西两侧各建六角攒尖顶碑亭一座，内立石碑各一通，碑身高3.4米，宽约1.1米。右侧碑身未镌一字，称“无字碑”；左侧碑刻康熙御书，称“有字碑”。

图3-7 康熙御碑

碑立于显通寺大文殊殿前侧碑亭之中，通体以汉白玉石精刻而成，碑身刻有清圣祖康熙四十六年（1707年）农历七月十九御书碑文，字迹清润有力，具有较高的艺术价值。

图3-8 碑座雕饰

图为康熙御碑碑座石雕图案细部，所雕蛟龙吞云吐雾，动态活灵活现。

持梵箧以表示般若自性清净，右手执宝剑则象征般若智慧可断除一切烦恼。主像前方自左至右依次布列西台狮子吼文殊、南台智慧文殊、中台孺童文殊、北台无垢文殊、东台聪明文殊等“五方文殊”塑像，均高1.5米，俱为铜铸。殿内后部抱厦与前方主体交接处中部的佛龛内有一尊韦驮天王像，双手合十，金刚杵横置双臂上，表示寺院为十方庙。殿内东西两侧平台上有十二圆觉菩萨塑像，分别为文殊、普贤、普眼、弥勒、金刚藏、清净慧、大势至、观音、净业障、普觉、圆觉、贤善首，是禅宗经典《圆觉经》中所记载的十二位已进入圆觉境界的大菩萨。殿内悬挂清高宗乾隆皇帝所题“十地圆通”、仁宗嘉庆皇帝所题“宝地珠林”御书匾两块，显示着大殿在清代帝王心目中所享有的崇高地位。殿内前部主体部分梁架

图3-9 “大显通寺”香炉
位于显通寺大文殊殿前，铜铸，高2米多，香炉身上铸有“大显通寺”字样。

外露，为“彻上露明造”；后面抱厦顶部则施平棋，方格内全部彩绘团龙，成了龙的世界。大殿前方左、右两侧各建六角攒尖顶碑亭一座，内立汉白玉石碑各一通，碑身高3.4米，宽1.1米。左侧碑面镌刻清圣祖康熙四十六年（1707年）“御制五台山显通寺碑”，故称“有字碑”；右侧碑身因未镌一字，故称“无字碑”。相传康熙皇帝巡礼五台山到达显通寺后，于大文殊殿前向菩萨顶仰望，但见菩萨顶山门前的两根旗杆、一座牌坊、一条108级石阶与灵鹫峰山体正好构成龙的头形，而眼前六角碑亭下原有的两个圆形水池所反射之圆形光点恰巧落在龙眼部位，使一条死龙顿时充满了生气与活力，担心五台山以此为兆出真龙天子

图3-10 千钵文殊殿
是显通寺中轴线上第五座主殿，面宽三间，总宽13米，进深9米，单檐卷棚顶，为清代重建。殿内供奉千钵文殊像。

与其争夺天下，康熙命僧众填平水池，于其上竖碑建亭，美其名曰防止活龙远走高飞。他亲撰铭文镌刻于一碑，另一碑则一字不著。是文才枯竭而无话可写？或者是心中有鬼不敢在佛门妄语？还是效法秦始皇在泰山或者武则天在长安乾陵立“无字碑”之举？抑或是以“不著一字，尽得风流”而显示其潇洒帝王的风范？后人则无法评说了。两碑亭间置新铸青铜大香炉一尊，系山西佛教文化事业总公司总经理王化伦居士捐资30万元，依北京广济寺今存清高宗乾隆年间所铸香炉摹造。香炉底座为汉白玉雕制。青铜香炉和汉白玉炉座工艺极精，与真品几无二致，仿造得惟妙惟肖，是不可多得的仿古工艺品。

沿中轴线北行，越大雄宝殿与无量殿，其后有小殿一座，名“千钵文殊殿”，是显通寺专为供奉文殊菩萨法像所建的又一座殿堂。千钵殿面阔三间，宽13米，进深二间，深9米，单檐卷棚硬山顶，灰色筒板瓦仰俯覆盖，坡度陡峭，前檐出廊，出檐较短，明、次三间均施隔扇门，为清代遗构。前檐柱上悬挂木刻楹联一副，上书：“尘尘尽具行门目击而真心普遍，法法皆圆愿海应念即六度咸成”。殿内佛坛上供奉千臂千钵千释迦文殊师利菩萨像，是用紫铜铸造，全身贴金，通高5.4米，双腿下垂，端坐于狮背之上。文殊面相庄严，计有五头，顶戴五佛冠，五个头自上而下，一线叠置，系于一身，两旁伸出千臂千手。层层叠叠，如孔雀开屏，似大鹏展翅，每只手内均持

图3-11 千钵文殊像

千钵文殊像位于千钵文殊殿内，文殊像高约4米，一身而有五头，两侧伸出许多手臂，每手均持一钵，钵中皆有释迦牟尼佛像，又称“千臂千钵千释迦文殊菩萨”，象征文殊无穷的智慧和无边的法力。

图3-12 老年文殊像/上图

位于千钵文殊殿内文殊像左侧，文殊像高2米，其塑造不似常见的着冠女性相貌，而是须发卷曲，面部皱纹明显，瘦骨嶙峋，笑容可掬，具有充满智慧的男性长者风范。

图3-13 千钵文殊殿普贤菩萨像/下图

普贤菩萨位于千钵文殊像右侧，高近2米，长发披肩，胡须卷曲，神态安详自如，双目炯炯有神。

有一钵，钵中俱有释迦牟尼佛像，故称为“千臂千钵千释迦文殊菩萨”，象征文殊菩萨无穷无尽的智慧，以及作为三世诸佛成道之母的特殊身份，是一尊海内罕见、艺术价值极高的密宗文殊菩萨造像。千钵文殊像左右两侧有老年文殊像和普贤菩萨像，两尊塑像均高1.9米。海内佛寺特别是汉传佛教的寺院内老年、男身之菩萨造像并不多见，显通寺内能有此物，反映了五台山确乎是显宗与密宗结合、汉传佛教与藏传佛教并存的佛教圣地。普贤菩萨像较老年文殊菩萨显得年轻，整体造型已完全汉化。

图3-14 转轮藏
位于千钵文殊殿内，高约2米，木制，可转动，为佛教法器，象征法轮常转，生生不息。

四、大雄宝殿 巍峨壮观

图4-1 大雄宝殿/前页
为显通寺中轴线上第三座主殿，重建于清光绪二十五年（1899年），是寺内主体建筑。大殿面宽七间，宽35米，深21米，出檐三层，上为庑殿顶，下为四出廊，前置重檐抱厦，转角处向内收缩，俗称转角殿。建筑形制宏伟高大，雕刻精细。

图4-2 大雄宝殿雀替雕饰
大雄宝殿前檐廊柱之间置大雀替，运用透雕、圆雕工艺，雕饰龙、凤、云雾等图案，雕工精细，工艺讲究，具有极强的装饰作用。

图4-3 转角廊柱雕饰/对面页
位于大雄宝殿转角廊柱之上，雀替雕饰以“万”字、“寿”字及回纹、云纹等图案。

大雄宝殿亦称“大佛殿”，重建于清德宗光绪二十五年（1899年），处寺院中心，为寺内主体建筑，殿内供奉释迦牟尼佛。“大雄”梵语作“摩诃毗罗”，乃佛之德号，义谓佛力大无穷，能降伏群魔，是无私无畏的大勇士和大英雄，故供奉释迦牟尼之殿一般皆以“大雄”为名。大殿面阔七间，宽34.4米，进深五间，深21米，面积达720多平方米。灰色筒板瓦仰俯覆盖，重檐庑殿顶，四周围廊，周施廊柱24根。大殿正面建重檐卷棚悬山顶抱厦，底层屋檐翼角翚飞。抱厦正、侧三面设廊，围廊外沿施廊柱10根，前檐雀替镂空雕刻龙、凤图案，漆为金色，抱厦与大殿主体的阑额及普拍枋等施以沥粉贴金彩绘，所有廊柱均漆为朱红色，窗棂等则漆为天蓝色，显得金碧辉煌，华丽繁复。因抱厦面阔不与大殿主体等宽，东西两侧各向内收进一间，大殿正面向两侧山墙的拐弯处内缩，故俗称“转角殿”。抱厦前檐明、次三间施隔扇门，两梢间及两边间施隔扇

窗。抱厦东西两侧山墙与主体相连接之处各辟纵向板门一道，供寺僧做早、晚功课时出入和穿行。大殿背面居中部分的明、次三间施隔扇门，可供前、后穿行。整座大殿建于平面呈倒“凸”字形高约1米的石砌平台之上，主体的前部重檐与抱厦的前部重檐计有四层檐，参差叠置。偌大殿堂的内外俱无斗栱，显得别具一格，卓然不群。大殿号称“占一亩二分地，有八十一间房”，巍峨壮观，体量宏伟，是五台山诸寺中规模最大的殿堂建筑。抱厦的前檐柱上悬挂木刻楹联三副，其一云“跨五大洲雄立宇宙，越三界天出离世间”；其二云“锦绣云峰法轮常转，胜境清凉佛量无疆”；其三云“不染尘缘不离尘缘胸中了无挂碍，悟乃说法默也说法座上常有春风”。殿内有支撑梁架的通柱及各种边柱、角柱、佛龛柱等52根，与24根大殿主体廊柱和10根抱厦廊柱合计，总共有柱86根。大殿支柱如此众多，故殿内、殿外当然无须设置斗栱以增加跨度。殿内正前方横梁上居中高悬清圣祖康熙皇帝御题“真如权应”四字匾，其东侧悬德宗光绪皇帝御题“饮福铭恩”四字匾，殿背面明间门楣上悬挂清山西分

图4-4 大雄宝殿背面

大雄宝殿背面装饰较正面精练简洁，正中悬挂“象教精严”匾额，显得庄重大方。

图4-5 大雄宝殿大龙吻
大雄宝殿正脊两端的大龙吻。

守雁平道张耀曾于高宗乾隆二十三年（1758年）所献“象教精严”四字匾。殿内抱厦部分为“彻上露明造”；主体部分则满布平棊，遮盖梁架。殿内前后两部分顶部处理不同，各有特色。大殿佛坛上并列主佛像凡三尊，中为娑婆世界教主释迦牟尼如来佛，两侧分别为东方净琉璃世界教主药师佛和西方极乐世界教主阿弥陀佛，合称“横三世佛”。佛坛前东西两端置胁侍像各一尊。三尊主佛像背后的倒座处以骑朝天吼的观音菩萨居中，左右两侧分别为骑狮文殊和骑象普贤两位菩萨。三尊塑像各高2.5米，合称“三大士”。三大士像之间塑有护法伽蓝像，东为关羽，西为韦驮。殿内两侧靠山墙处的平台上分别塑十八罗汉像，是典型的汉传佛教罗汉造像。该殿是寺僧做早晚功课和举办盛大佛事活动的场所，每当晨钟或者暮鼓敲响之后，僧人们身披袈裟汇聚于此，击鼓诵经，梵音琅琅，烛光闪烁，香烟缭绕，一派佛国景象，使人顿生“超出三界外，不在五行

图4-6 大雄宝殿内转角梁架

位于大雄宝殿内转角处，以抹角梁承托角梁后尾及屋檐转角，梁架构造规整简洁。

图4-7 日晷/对面页上图

位于大雄宝殿之前。日晷是古人利用日光观察时间的用具。此日晷高1.3米，以汉白玉制成，下部雕饰须弥基座，以仰覆莲花承托晷盘，所雕狮子形象十分生动。

图4-8 石雕/对面页下图

位于大雄宝殿前石碑碑座上，雕刻有双龙戏珠题材，运用浅浮雕手法，结合阴线和阳刻技巧，把龙的神态刻画得十分传神。

图4-9 大雄宝殿主佛像/上图

主佛像3尊，中间为释迦牟尼，两边分别为阿弥陀佛和药师佛。佛像庄重慈祥，装饰华丽。

图4-10 菩萨像/下图

位于显通寺大雄宝殿内，菩萨头戴花冠，身饰肩花，具有藏传佛像的风格。

图4-11 罗汉像
位于大雄宝殿内东西两侧，各塑有9尊罗汉像，合为十八罗汉。图为其中两尊。

中”的神秘感。殿前院内设置汉白玉雕镌的日晷一座，东侧竖立石碑二通，一为明英宗天顺二年（1458年）立“皇帝敕谕护持山西五台山显通寺圣旨碑”，一为神宗万历三十五年（1607年）立“皇帝敕建护国圣光永明寺圣旨碑”。两通圣旨碑耸峙于大雄宝殿前，证明了朱明皇室对显通寺的高度重视，增加了这座历史悠久规模宏大的寺院在五台山寺宇群落中的权威性和威严感，其地位之显赫确非寻常寺院可以攀比。

五、无量佛殿 庄严炳焕

无量佛殿建于明神宗万历年间（1573—1619年），因殿内供奉无量寿佛而得名。无量寿佛实际上就是众所周知的阿弥陀佛，密宗称之为“甘露王”，是中国佛教净土宗的主要信仰对象，乃西方极乐世界教主，与阿閦佛、宝相佛、微妙声佛并称“四方佛”，与东方净琉璃世界教主药师佛、娑婆世界教主释迦牟尼佛并称“横三世佛”，与观世音、大势至二菩萨合称“西方三圣”。净土宗教徒认为此佛能接引念佛众生往生西方净土，故阿弥陀佛又有“接引佛”之称。“阿弥陀”是梵语的汉语音译，义译即无量光明。除前述“无量寿佛”一名之外，阿弥陀佛还有无量光佛、无边光佛、无碍光佛、无对光佛、焰王光佛、清净光佛、欢喜光佛、智慧光佛、不断光佛、难思光佛、无称光佛、超日月光佛等十二个名号。大殿全部用青砖仿木结构建筑修造，内无梁架之设，故又称“无梁殿”。一般供奉阿弥陀佛亦即无量寿佛的殿堂多有采用不施梁架的砖结构窑洞式建筑者，乃是借“无梁”之音而隐喻“无

图5-1 无量殿

无量殿为显通寺中轴线上第四座主殿，建于明万历年间，全部用青砖拱券，无梁架，故又称“无梁殿”。殿面阔七间，34米，进深四间，21米，两层，重檐歇山顶，规模宏伟，雕饰精致

图5-2 无量殿背面

无量殿与铜殿等建筑交相辉映，形成色彩、体量和材料质感等方面的有趣对比。

图5-3 无量殿藻井
无量殿内中部最高处，用叠涩砖雕拱券做成八角形宝顶式藻井，上面彩绘有37条蟠龙，十分华丽。

图5-4 无量寿佛/对面页
无量寿佛是殿内供奉的主像。无量寿佛端坐于高大的云形台座之上，满身金饰，面相丰颐庄重。

量”之义。殿前竖立镌刻有崇祯九年（1636年）永明寺住持福平立的石碑一通，额曰《重修永明寺七处九会殿碑记》，说明无量殿曾经在明思宗崇祯九年重修过。殿以“七处九会”为名，系取佛祖释迦牟尼曾在七处地方举办九次讲经说法会而定的。为与殿名相呼应，故大殿正面底层辟门洞七个，门洞上方各镶嵌砖雕匾额一块，题额分别为“法菩提场”、“普光明殿”、“忉利天宫”、“夜摩天宫”、“兜率天宫”、“佗化自在”、“逝多园林”等，乃释迦牟尼七处说法之七个地名。底层背面亦辟有七个门洞，与正面门洞前后对应，可供南北穿行。底层东西两侧山墙上各辟券拱窗一个，供殿内采光。上层周施券拱窗20个，正、背两面各7个，与底层门洞上下对应；东西两侧山墙上各3个。上、下两层之间四周的围檐之上施勾栏、望柱等。大殿形制为“明七暗三”，从外表看面阔七间，宽34.3米，进深四间，深21.5米，外观两层而内为一室，通高

海外華僑及港九

20.3米，内部以三个并列连续拱券砌筑为三间窑洞式建筑，以东西两侧的山墙为拱脚，间与间之间以拱券门洞相连接，居中窑洞较两侧窑洞显得宏大宽敞。大殿为两檐歇山顶，以灰色筒板瓦仰俯覆盖，两层檐下均施砖雕仿木结构垂柱、阑额、斗栱、翼角梁、椽飞等，精巧俏丽，玲珑秀雅。殿身粉饰白垩，殿门及勾栏漆为朱红。大殿建于高近1米的长方形石砌平台之上，显得宏伟壮观，色调典雅，砖雕仿木构件雕镂颇为精致。殿内居中窑洞上部施叠涩和砖雕斗栱，使窑洞自底及顶逐渐由方趋圆，构成藻井，形似华盖宝顶。顶部中施平棋，高大的阿弥陀佛像即置于其下千叶宝莲座上，座下为石雕六角形束腰须弥座式台基，其上浅雕仰俯莲瓣及各种花卉图案、吉祥饰物，以彩漆涂

图5-5 无量殿药师佛

无量殿内西侧，供奉有药师佛一尊，高约2米，金饰全身，结跏趺坐。

图5-6 木雕宝塔/对面页

位于无量殿内东侧，宝塔高10余米，八角十三层，通体用木料雕刻，按木结构搭建而成，结构精巧，雕刻细腻，是不可多得的木雕艺术品。

多寳塔
木塔

染，显得颇为华丽。大殿第一层柱高6.5米，顶施四脊四兽；第二层柱高3.5米，顶施十脊十兽；外檐上下两层砖雕斗栱、花卉规整精细，门楣华罩雕镌富丽细腻，是国内仅次于南京灵谷寺的大型无梁殿建筑。殿内东侧窑洞存八角十三层楼阁式木塔一座，通高约10米，由下至上逐层内收。木塔置于砖构方形束腰须弥座上，造型精巧俏丽，玲珑剔透，是五台山少见的大型木雕佛塔工艺品。殿内西侧窑洞中央置药师佛像，像前的供桌西端置弥勒菩萨像，体量较药师佛像小了许多，显然是由别处移置于此。

六、铜殿铜塔　奇巧俏丽

铜殿位于千钵文殊殿后面“清凉妙高处”的高台之上，依山就势而建，系妙峰（福登）禅师于明神宗万历年间仿皇宫金銮殿铸造。殿高6.8米，三间见方，面阔4.9米，进深4.5米，面积约22平方米，外观两层，内为一室，殿内供铜铸文殊菩萨骑狮法像，左右两侧有置于汉白玉须弥座上的红木贴金藏式喇嘛塔各一座。殿堂铸造精巧，青铜镏金，飞檐翘角，底层四隅四柱顶立，柱础铸为鼓形。其中的西北角柱距地约1.6米处有水平线状浅沟一道，相传为清圣祖康熙皇帝朝拜五台山至铜殿观瞻时，听僧人介绍此殿通体俱为铜造，挥剑砍斫以辨真伪所留剑痕。后人每至此，多以手抚摸康熙剑痕，据说可汲取大福大富至尊至贵的帝王之气，给抚摸者带来吉祥。天长日久，万人争摸，于是剑痕周围的铜锈不再，黄铜本色外露，在阳光下熠熠生辉，是为一奇。铜殿为重檐九脊歇山顶，正脊中部施葫芦状喇嘛塔式脊刹，两端鸱吻高耸，并且有小巧玲珑的麒麟、狮、虎等脊饰。殿身上层四周向内收缩，四隅角柱不通地面，置于底层四角顶部的斜梁之上，周有高约1米的栏杆及平台、望柱等构件，组成围廊。廊内四周每面各有隔扇六个，组成殿壁，其上镌刻花卉、鸟兽、松柏等图案。下层四周每面各有八个隔扇门以用作殿壁，其上镌刻各种棂花图案及二龙戏珠、鱼跃

图6-1 铜殿/对面页

位于千钵文殊殿北，是显通寺中轴线上第六座佛殿，相传明万历皇帝为纪念其母李彦妃而造。铜殿耗铜约10万斤，仿皇宫金銮殿的形式而建。殿高近7米，三间见方，面阔约5米，进深4.5米，面积约22平方米。殿周身精雕各种飞禽走兽花卉图案，富丽堂皇，是十分珍贵的文物。

图6-2 铜殿门扇题迹
铜殿东侧下层门扇上有“崇祯三年三月”及“代州崞县原平镇 李梧、李登……”等题迹。

图6-3 铜铸门窗棂花/对面页
铜殿下层门窗之上棂花精美繁复，图案略似宋代《营造法式》中的“六角毬文格眼”花纹。

龙门、狮子滚绣球、丹凤朝阳、宝瓶生花、鹤鹿同春、鹭鸶戏莲、麒麟戏凤、犀牛望月、双鹭擒鱼、秋菊争芬、牡丹吐艳、喜鹊登梅、鼠食葡萄、龙腾虎跃、玉兔拜月、海马弄潮等，凡32幅，生动传神，富有生活情趣，工艺尤精。殿内四壁满布造型生动的小佛像上万尊，故铜殿又有“万佛殿”之称。铜殿与寺内其他建筑相比较，规模虽然不够宏大，但在安排布局上由于充分利用了寺院前低后高的自然地形，且在高台之上，故仍显得巍峨挺拔。铜殿东西两侧配建与铜殿等高的两层砖构无梁殿各一座，俱为两檐歇山顶，砖雕斗栱及殿柱、垂柱、平座、勾栏、望柱等一应俱全，外壁涂刷白粉，与铜殿及铜殿下部高台上散置的造型各

异的五座铜塔之金黄色形成色彩和材质的鲜明对比。

铜殿前下部清凉妙高处的平台上原有造型各异的铜塔五座，隐喻五台山的五座台顶，象征文殊五智，表示五方如来之冠，故亦称“五方佛塔”。僧侣、香客及游人至此朝拜，犹如亲临五顶登台还愿，故凡来五台山者莫不以瞻礼铜塔为幸。原塔尚存两座，分列铜殿前下方“清凉妙高处”平台上的东西两侧，通高约7米，直径1米，造型别致，玲珑秀丽，完好无损。塔身下部为高逾1米的石构方形基座，共计五层，层层略向内收，每层座壁分别浅雕仰俯莲瓣。基座上所置铜塔的底部均为四边形双层束腰须弥座，其上是塔钵，形制为藏式喇嘛塔。塔钵中空，内为小殿，分别供奉西方阿弥陀佛和北方不空成就佛。塔体及须弥座上满铸佛像、经文、铸塔缘由铭文、功德主姓名等。塔钵上之塔身自下及顶凡十三层，佛教以之喻“十三天”，平面呈八角形，由底层至顶层渐次收分，高度为塔钵的三倍、塔通高之半，周长约与上大下小半球状的塔钵底部相近，是铜塔的主体部分。密檐式塔身上部由楼阁、亭台、覆钵三种形式组合而成，各部位雕饰满布，较一般铁塔更见精细，极顶以双层葫芦收杀。西塔系明万历三十四年（1606年）铸成，隐喻西台，表示西方阿弥陀如来之冠，示现“妙观察智”。“妙观察智”亦名“莲花智”或“转法轮智”，是分别好妙诸法而观察众机、说法断疑之智。此塔在土改中被拆除，后又重新安放时与东塔错位，不能说不是一个

图6-4 铜殿脊兽

铜殿屋顶正脊、垂脊之上，雕有龙、麒麟、狮等脊饰，造型生动传神，颇具情趣。

图6-5 铜殿文殊像和四壁小佛/后页

铜殿内供奉一尊文殊菩萨骑狮像，小巧玲珑，工艺精良，是难得的艺术品。铜殿内四壁满布小佛像，计有一万尊，故也称“万佛殿”。

图6-6 铜塔群
位于显通寺寺院后部，铜殿之前。有铜塔5座，象征五台山五个台顶。僧侣游人至此朝拜铜塔，犹如遍登五台。铜塔造型各异，玲珑秀美，铸造工艺精良，林立于铜殿之前，成为显通寺内的一景。

历史性的憾事。东塔是显通寺僧人胜洪等募资于万历三十八年（1610年）中秋日铸造，隐喻北台，表示不空成就如来之冠，示现“成所作智”。“成所作智”亦名“羯磨智”，是成就自利、利他妙业之智。铜塔融喇嘛式、密檐式、楼阁式之特点于一体，形成一种独特的造型，倍受专家、学者及游人的青睐。1989—1993年间，已毁失的另外三座铜塔按原样用黄铜和青铜逐一补铸告竣。三塔俱矗立在其故址以青砂岩雕造的束腰须弥座上，均依原样原大铸造。东南者隐喻东台，表示东方阿閦如来之冠，示现“大圆镜智”。“大圆镜智”亦名“金刚智”，是显现法界万象之智。塔造型呈窣堵波风格，具藏式喇嘛塔特色。塔座为八角形束腰须弥式，座上置圆球状塔钵，钵上施相轮十三层，相轮之上为圆形伞盖，极顶以双层葫芦收杀。西南者隐喻南台，表示南方宝生如来之冠，示现“平等性智”。“平等性智”亦名“灌顶智”，是成诸法平等作用之智。

a

b

c

d

e

图6-7a~e 铜塔

五座铜塔分别为喇嘛式、密檐式、楼阁式等不同的造型。

塔座为八角形束腰须弥式，座上为八角形塔钵，钵上为密檐楼阁式塔身，极顶以双层葫芦收杀。中间者隐喻中台，表示中央大日如来（即毗卢遮那佛）之冠，示现“法界体性智”。“法界体性智”亦名“法界智”，主方便究竟之德。此塔在八角形层层内收的塔座上连施三个八角形塔钵，自上而下一线叠置，形成塔身。塔身满饰佛像、金刚像与经文，其上部为圆形伞盖，极顶以双层葫芦收杀。这些复原新铸的铜塔与古铜塔在“清凉

图6-8 后高殿与铜殿/前页
后高殿位于铜殿后面，是显通寺中轴线上最高最后的一座主殿，故名“后高殿”。它原为藏经殿，佛门称之曰“北藏”。现已辟为文物陈列室，供游人观赏。

妙高处”的平台上比肩而立，交相辉映，成为游人必至的一个热点景区。

在铜殿与铜塔的后部高台之上有后高殿。两侧分别为僧舍，主殿通面阔16.3米，进深8.2米，高9米，明、次三间施隔扇门，两梢间施隔扇窗。因其在寺院后端地势之最高处，故名“后高殿”。原为藏经殿，凡寺内珍贵经书皆存放于此，佛门称之曰“北藏”。后又改作五台山佛教文物陈列室，今已将所存文物悉数移至寺宇东南偏院的佛国藏珍楼内展览。殿内供奉甘露文殊铜像，故后高殿亦称之曰“甘露文殊殿”。殿内东西两侧的平台上置木制佛龛，内供古印度大乘佛教中观学派及瑜伽行派创始人和论师龙树、无著、陈那、释迦光、圣天、世亲、功德光、法弥等八大高僧像，均为铜质，铸于1995年，面相张口露齿，骨骼嶙峋峭拔，印度僧人的形象特征显而易见，在五台山诸寺中唯此独有，是为一奇。

七、台怀雄峙大钟楼

显通寺大钟楼不依惯例置于寺内，而是建在寺院东南端围墙外面的台怀镇临街处，需从寺院围墙之内的梯道攀行，向东穿越悬空而建的三间长廊，才可进入钟楼上层。大钟楼高大雄伟，气势恢宏，面阔与进深各三间，上、下凡二层，底层以砖石砌筑台基，中施南北向砖券门洞，长15.4米，宽13.6米，供游人及车辆通行。门洞上方居中镶嵌石匾，题额"震悟大千"，意谓此楼钟声可将大千世界中的芸芸众生震醒彻悟。楼为三檐十字歇山顶，灰色筒板瓦仰俯覆盖，上、下四出廊，平座、勾栏、望柱俱全，上层廊内周设隔扇，施明柱12根，楼顶鸱吻高耸，脊兽俱备，翼角翚飞，正脊中心置喇嘛塔式脊刹。楼内悬挂重达9999.5斤的巨大铜钟，高3.6米，最大外径1.8米，钟壁厚10厘米，钟口边沿呈莲花瓣形状，钟面铸楷书佛经一部，字数逾万，为明英宗正统五年（1440年）铸造，乃五台山诸寺所存钟之最大者，寺僧以杵击之，钟声洪亮悠远，波及全山。钟

图7-1 大钟楼外观/前页
寺宇山门东侧，建大钟楼一座，门上石匾题"震悟大千"四字，意谓楼上钟声可使芸芸众生震醒彻悟。

图7-2 配殿
在铜殿东西两侧，各有一座二层仿木构砖砌配殿，面宽三间，檐下砖雕斗栱密致，垂莲柱雕刻精美，门窗拱券结构合理，是明代的作品。图为东侧的配殿。

图7–3 禅房

位于显通寺后院东侧，外观面宽五间，内部为七间，硬山顶，为寺中附属建筑。

是佛教法器，《百丈清规·法器章》云："大钟，丛林号令资始也。晓击则破长夜、警睡眠，暮击则觉昏衢、疏冥昧。"故显通寺大钟亦称"幽冥钟"。大钟按人生在世有108种烦恼而一昼夜鸣响108声，意在消除众生与生俱来的无穷烦恼，故其又有"长鸣钟"之称。关于一昼夜鸣钟108响之缘由，《群谈采余》则另有解释："钟声晨、昏叩一百零八声音，一岁之义也。盖年有十二月，有二十四气，又有七十二候，正得此数。"这种解释偏重于气候民俗说而远离佛教谛义，似有牵强附会之嫌。寺僧敲钟的节奏有严格规定，不可恣意妄为。《百文清规·法器章》对此有着明确的记述："引杵宜缓，扬声欲长。凡三通，各三十六下，总一百零八下，起、止三下稍紧。"整个敲钟过程缓急有致，抑扬顿挫，节奏感极强，钟声浑厚而悠长，在深山老林之间回荡盘旋，振聋发聩，扣人心弦。关于钟声在佛教信仰者心目中的神圣地位，诚如五台山圆照寺铁钟铭文所言："闻钟声，烦恼轻。离地狱，出火坑。菩提长，智慧增。愿成佛，度众生。"大钟楼整体结构于传统古朴中见新颖，巍峨峭拔，为五台山明、清建筑之代表作及标志性建筑物之一。

八、佛国藏珍　非比寻常

寺宇东南偏院建粮仓，今已改作“佛国藏珍楼”。楼坐西向东，共三层，高14.8米，三间见方，面阔12.7米，进深12.9米，占地面积163平方米，建筑面积489平方米，单檐卷棚硬山顶，砖砌四壁，四面开窗，上、中、下三层共有窗35个，窗孔窄小，内以木板隔层，并有楼梯可供上下通行。楼古朴雄伟，系五台山高层建筑之一，内部陈列五台山珍贵佛教文物300余件，其中一级文物7件，二级文物57件，三级文物197件，其他文物40余件，体形较大且较重者存放在底层，第二层存放陶、木、金、石等文物，第三层存放历代名人字画。这些文物以北魏孝文帝太和年间铜铸旃檀佛像，北齐石雕观音菩萨站像，隋代铜铸释迦牟尼佛站像及檀木如意，唐代铜铸释迦佛像及铜铸观音菩萨像，宋太祖开宝年间刊印之雷峰塔藏经及抗辽名将杨五郎所用铁禅杖，宋、元之际名画家赵子昂及夫人所绘马头观音像，元代铜塔，明代沈周所绘关羽夜观《春秋》图及丁云鹏在菩提树叶上所绘十八罗汉像，明代铜铸文殊菩萨、药师佛、武则天、宗喀巴大师、刘海戏金蟾等像，明代木雕大势至菩萨像及观音菩萨瓷像，明代金书《华严经》及十八罗汉册页，明代大社铜牛及各种铜质香炉、蜡台等，清康熙皇帝御书《般若波罗蜜多心经》，康熙年间所绘观音菩萨卷轴，乾隆皇帝御题诗匾及御题木刻楹联，乾隆年间郑板桥所绘兰、竹图及粉彩瓷像蜡台、螭耳青花瓷瓶、豆青蟠螭纹尊、苏武牧羊瓷罐、粉彩深腹瓷瓶等，道光年间木版《五台山圣境全图》，竹禅高僧于光绪年间舌书条幅及金石篆刻，光绪年间烧制的济

图8-1 后院景观

站在显通寺院中仰望后院，蓝天白云下，建筑闪闪发光，佛乐萦绕于耳，令人向往，令人陶醉，人间？天上？百思不得其解。这大概就是佛教建筑艺术的魅力所在吧！

公活佛瓷像，唐阎立本手绘、明刘聚福雕版、清代拓印的观音菩萨像，各种景泰蓝供器以及白银、水晶、玉石塔、瓷质和玉石花瓶……享誉海内外，不但是佛门珍宝，而且也是中国古代文化遗产的重要组成部分，有较高的历史、艺术、学术价值。佛国藏珍楼内尤令观众称道的珍贵展品是国家一级文物《华严经》字塔。此物原存五台山碧山寺，长5.8米，宽1.67米，以白绫和黄绫装裱为长条幅，外镶蓝边，画面用蝇头小楷依六角七级密檐楼阁式宝塔图案循次书写全部《大方广佛华严经》80卷，计60万零43字，字小如蚁，清晰可辨，远望俨然一幅精妙绝伦的工笔画。塔正面有佛龛、佛像，塔檐有风铎，塔边饰花卉，回栏曲槛、倚柱翼角、斗栱飞檐及相轮、华盖等细腻逼真。字塔上所有文字大小相等，字距一致，经完塔成，多一字无处放，少一字不成图。倘无周密设计和顽强毅力，是难以成此大作的。字塔的书写者苏州三宝弟子许德心于清圣祖康熙年间用了整整12年的时间才大功告成。过去每逢阴历六月五台山庙会，字塔均为碧山寺天王殿展出，供游人、香客观瞻礼拜。

此外显通寺所存云牌因其具有的奇特音调而令人瞩目，被视为寺宝。云牌为铁质，以牌形似云而得名，云牌因系寺僧用斋时的打击法器而称“斋钟”。“佛教以过中不食为‘斋’”（见《释氏要览》），所谓“中”即一昼之居中者，亦即“午”。显通寺云牌乃国内诸佛寺现存同类实物之最大者，铸造于明神宗万历三十一年（1603年），外观酷似两个连在一起的长命锁，上宽下窄，造型优美，制作精细，能发出16个不同的音响频率，用之敲击演奏的乐曲具钢琴效果，声音洪亮悦耳，令人称奇。云牌高235.5厘米，最宽处173.5厘米，腰宽23.55厘米，总面积2.58平方米，是一个由31块不同模型铸造的连续体，每块的几何形状、厚薄程度、面积大小各不相同，分别铸有不同的文字或图案，一块一音，高低不同。专家们利用现代分析仪器和技术对云牌声学特性进行研究，测试了组成云牌的31个分区的振动模式和频信特征，同时还对其主要的合金成分及组成结构进行了分析，发现其音域较广，不仅是一种寺僧用斋报时的打击法器，而且还可以作为寺院演奏佛教音乐的乐器使用。

九、五台山佛教文化透视

“佛”是外来语，翻译成汉语乃“觉悟”之义。所谓“一切众生，皆有佛性，有佛性者，皆可成佛”，意思是说：一切人都具有觉知事物、开悟真理、觉行圆满的内部根苗，凡有觉、悟内因之人经过钻研佛学、刻苦修行，均可以成为具有了解过去、洞察未来、关心众生疾苦、救人民于水火、大智大勇、大彻大悟、超凡脱俗、功德圆满之人。达到了这种境界的极致，便能够成为令众生所景仰的 “佛” 。在中华民族数千年的文明史上，没有任何一个外来宗教能够像佛教那样与中国的传统文化水乳交融、密不可分。从某种意义上说，中华民族的传统文化就是儒佛道的相互影响、渗透与融合。博大精深的佛教文化与中华民族的传统文化相碰撞所迸发的火花璀璨夺目，洞烛昏冥，铸造了彪炳史册的伟大文明。

佛教的传播常常借助于名山大川，以艺术品位极高的建筑物诠释教义。五台山所处的特殊地理位置及自然环境、气象条件被独具慧眼的佛门高僧所首选，于是这里便有了中国最为古老的佛教寺院，并随着时间的推移而形成佛教名山和佛教圣地。《敦煌石室遗言》中的佛教典籍记载，五台、峨眉、普陀三山“皆因佛迹显，而五台尤以山辟最早、境地最幽、灵贶最赫，故得名独盛”。

由于五台山在广大佛教信徒心目中所享有的崇高地位而对社会发展和社会安定起了重大作用，故佛教圣地五台山受到了历朝历代帝王的高度重视。自东汉时在五台山兴建佛寺以来，历代帝王自北魏迄清朝无一不在五台山大兴土木，崇建佛寺，弘扬佛法，至唐代进入极盛期，佛寺多达360余所，日看一寺也需整整一年才能参观完五台山的所有寺院。后来教势虽渐趋式微，但五台山仍香火不绝，现存佛寺较完整者仍多达约60处，在中国佛教四大名山中高居首位。历代帝王不仅投资建寺，题额撰碑，而且还亲自登临五台山朝山拜佛。据《华严钞》记载，“大唐始太宗至德宗凡九帝，莫不倾仰灵山，留神圣境，御札天衣，每光五顶。”到了清代，朝廷把朝拜五台山的活动推向了顶点，仅康熙、乾隆二帝的朝台活动即达11次之多，每次活动的时间大抵都在一个月左右。自康熙二十二年（1683年）首创朝台之举到嘉庆十六年（1811年）最后一次朝台结束，其间一百多年中有康熙、雍正、乾隆、嘉庆四位皇帝曾经先后十余次朝礼五台山，这在各佛教圣地的历史上是绝无仅有的。清廷采用崇奉黄教的政策以加强汉、满、蒙、藏及全国各民族的团结，对维护中华民族大家庭的空前统一和社会的安定繁荣产生了强大的推动作用。五台山佛刹在有清一代乃京城之外最大的宫寺群，因其悠久的佛教历史及优越的地理位置被以少数民族入主中原的清朝皇帝所看中，便成为清廷政治棋盘上的重要一环而备受倚重，其意义是极其深远的。

除了帝王之外，历代有不少印度、西域、日本、朝鲜及东南亚的高僧大德甚至达官显贵前往五台山朝山拜佛，“至于百辟归崇，殊邦现供，不可悉记矣”（见《华严钞》），致使五台山成为有史以来中外文化交流的一个至关重要的场所和枢纽。

五台山是中国唯一青庙与黄庙共存，兼有汉地佛教与藏传佛教的佛教道场，藏传佛教的领袖人物如达赖喇嘛、班禅喇嘛、章嘉活佛等均曾在五台山长驻修行，有的圆寂后还将灵骨安葬于山中，五台山因此而受到了西藏、内蒙古、青海、甘肃等地少数民族佛教信徒的无上尊崇，往往“驱驼马牛羊数千里”前来朝山拜佛，到五台山后见庙进香、遇寺供佛，甚至自五台山西大门济胜桥或北大门鸿门岩起一步一个等身头叩拜至台怀镇寺院中心区，也有叩等身头而遍礼五台山五座台顶者，对佛教信仰之虔诚，令人感动。五台山对维护民族团结所起的巨大作用，无论怎样估计和评价都不过分。台、港、澳及侨居海外的中国人大多信佛，每年至五台山朝山拜佛布施修寺者多得不可胜计。文化——特别是佛教文化——是联结海内外中国人的一条至关重要的纽带，作为佛教圣地的五台山在团结海内外中国人齐心协力振兴中华并进而实现祖国和平统一的伟大事业中所能够发挥的作用也是非常重要而不可替代的。

如果说五台山佛教文化是中国佛教文化的缩影的话，那么洋洋大观的显通寺则是储藏着佛教文化全部信息的载体，信息之谜有待有志且有智者前往破译和解读。

大事年表

朝代	年号	公元纪年	大事记
东汉	永平十一年	68年	创建大孚灵鹫寺
北魏	太和年间	477—499年	再建大孚灵鹫寺，周设十二院，岁时香火，遣官修敬
唐	武周时期	690—704年	改大孚灵鹫寺为大华严寺
宋	真宗时期	998—1022年	改大华严寺为大花园寺
元	至元二年	1265年	改大花园寺为善住院，修葺寺周十二佛刹
明	洪武年间	1368—1398年	改善住院为大显通寺
	永乐三年	1405年	于显通寺设僧纲司统辖全五台山寺院及僧众
	永乐四年	1406年	永乐皇帝敕封葛哩麻尊者为“大宝法王大善自在佛”并敕赐銮舆、旌幢、伞盖之仪，驻锡于显通寺；敕修显通寺及塔院寺大白塔
	永乐十八年	1420年	永乐皇帝颁发御制《歌曲名经》并敕送显通寺
	正统五年	1440年	铸造大铜钟悬挂于大钟楼内
	天顺二年	1458年	降旨护持显通寺
	正德五年	1510年	出版《大藏经》安放观音殿内
	万历年间	1573—1619年	妙峰高僧等铸造铜殿、铜塔安置显通寺内，并蒙敕改寺名为永明寺。建无量殿。铸造云牌
	崇祯九年	1636年	重修无量殿

朝代	年号	公元纪年	大事记
清	康熙年间	1662—1722年	清廷出资大事修葺并扩建寺宇，复名大显通寺，并有《御制五台山大显通寺碑》以记之。镌刻《免粮卷案碑记》、《免粮卷案碑铭》及龙、虎字碑立于寺院山门前檐两侧。康熙皇帝为大雄宝殿御题“真如权应”匾。苏州三宝弟子许德心书写《华严经》字塔
	乾隆十一年	1746年	重建大文殊殿并御题“十地圆通”匾悬挂殿内
	嘉庆年间	1796—1820年	嘉庆皇帝为大文殊殿御题“宝地珠林”匾
	光绪二十五年	1899年	重建大雄宝殿。光绪皇帝为大雄宝殿御题“饮福铭恩”匾，为大文殊殿御题“点化生春”匾
中华人民共和国		1989—1993年	按原样补铸铜塔3座置于原址
		1993—1995年	铸古印度大乘佛教中观学派和瑜伽行派八大高僧铜像置于后高殿内

“中国精致建筑100”总编辑出版委员会

图书在版编目（CIP）数据

五台山显通寺 / 王宝库等撰文 / 王昊等摄影. —北京：中国建筑工业出版社，2014.6
（中国精致建筑100）
ISBN 978-7-112-16653-4

Ⅰ. ①五… Ⅱ. ①王… ②王… Ⅲ. ①五台山-佛教-寺庙-建筑艺术-图集 Ⅳ. ①TU-098.3

中国版本图书馆CIP 数据核字（2014）第061443号

责任编辑：董苏华 张惠珍 孙立波
技术编辑：李建云 赵子宽
图片编辑：张振光
美术编辑：赵　清 康　羽
书籍设计：瀚清堂·赵　清 周伟伟 康　羽
责任校对：张慧丽 陈晶晶 关　健
图文统筹：廖晓明 孙　梅 骆毓华
责任印制：郭希增 臧红心
材料统筹：方承艺

中国精致建筑100
五台山显通寺
王宝库 王 鹏 撰文/王 昊 青 榆 等 摄影

中国建筑工业出版社出版、发行（北京西郊百万庄）
各地新华书店、建筑书店经销
南京瀚清堂设计有限公司制版
北京顺诚彩色印刷有限公司印刷

开本：889×710 毫米 1/32 印张：$2^{7}/_{8}$ 插页：1 字数：123 千字
2016年3月第一版 2016年3月第一次印刷
定价：**48.00**元
ISBN 978-7-112-16653-4
（24400）